Bouchaib Elidrissi

Comparaison entre la coagulation floculation et l'électro-coagulation

Bouchaib Elidrissi

Comparaison entre la coagulation floculation et l'électro-coagulation

Traitement des eaux

Éditions universitaires européennes

Impressum / Mentions légales

Bibliografische Information der Deutschen Nationalbibliothek: Die Deutsche Nationalbibliothek verzeichnet diese Publikation in der Deutschen Nationalbibliografie; detaillierte bibliografische Daten sind im Internet über http://dnb.d-nb.de abrufbar.
Alle in diesem Buch genannten Marken und Produktnamen unterliegen warenzeichen-, marken- oder patentrechtlichem Schutz bzw. sind Warenzeichen oder eingetragene Warenzeichen der jeweiligen Inhaber. Die Wiedergabe von Marken, Produktnamen, Gebrauchsnamen, Handelsnamen, Warenbezeichnungen u.s.w. in diesem Werk berechtigt auch ohne besondere Kennzeichnung nicht zu der Annahme, dass solche Namen im Sinne der Warenzeichen- und Markenschutzgesetzgebung als frei zu betrachten wären und daher von jedermann benutzt werden dürften.

Information bibliographique publiée par la Deutsche Nationalbibliothek: La Deutsche Nationalbibliothek inscrit cette publication à la Deutsche Nationalbibliografie; des données bibliographiques détaillées sont disponibles sur internet à l'adresse http://dnb.d-nb.de.
Toutes marques et noms de produits mentionnés dans ce livre demeurent sous la protection des marques, des marques déposées et des brevets, et sont des marques ou des marques déposées de leurs détenteurs respectifs. L'utilisation des marques, noms de produits, noms communs, noms commerciaux, descriptions de produits, etc, même sans qu'ils soient mentionnés de façon particulière dans ce livre ne signifie en aucune façon que ces noms peuvent être utilisés sans restriction à l'égard de la législation pour la protection des marques et des marques déposées et pourraient donc être utilisés par quiconque.

Coverbild / Photo de couverture: www.ingimage.com

Verlag / Editeur:
Éditions universitaires européennes
ist ein Imprint der / est une marque déposée de
OmniScriptum GmbH & Co. KG
Heinrich-Böcking-Str. 6-8, 66121 Saarbrücken, Deutschland / Allemagne
Email: info@editions-ue.com

Herstellung: siehe letzte Seite /
Impression: voir la dernière page
ISBN: 978-3-8417-4555-2

ÉLECTROCOAGULATION

PARTIE THÉORIQUE :

INTRODUCTION GÉNÉRALE
GÉNÉRALITÉ SUR LES EAUX :

INTRODUCTION

LES COLORANTS

ÉLECTROCOAGULATION

ÉLECTROCOAGULATION

PARTIE EXPÉRIMENTALE :

ÉTUDE DE L'ÉLECTRCOAGULATION

CONCLUSION

ANNEXE

NOMENCLATURE

EC	: électrocoagulation
ED	: efficacité de décoloration (%)
DC	: densité du courant (mA/cm^2)
t$_{ec}$	: temps d'électrolyse (min)
F	: constante de FARADAY (96 500 F)
n	: nombre de mole
I	: intensité de courant (A)
U	: voltage de la cellule (V)
E	: énergie consommée (KWh/Kg $_{colorant\ éliminé}$)
α	: efficacité du courant ($\Delta m_{Exp}/\Delta m_{Théo}$)
$\Delta m_{Théo}$	: perte en masse d'aluminium théorique (g)
Δm_{Exp}	: perte en masse d'aluminium expérimentale (g)
P	: puissance (KW)
M $_{colorant\ éliminé}$	: masse du colorant éliminé (Kg)
M$_{Al}$	: masse d'aluminium dégradé (Kg)
ERU	: eaux résiduaires urbaines
ERI	: eux résiduaires industrielles
EES	: énergie électrique spécifique (KWh/Kg Al)

INTRODUCTION GÉNÉRALE

Les eaux usées générées par l'industrie textile sont connues par la quantité considérable en colorants textile toxiques, spécialement les colorants azoïques. Il est connu que certains colorants azoïques et leurs produits dégradés tels que les amines aromatiques sont très carcinogènes. L'eau usée colorée libérée dans l'écosystème est une source dramatique de la pollution esthétique et la perturbation dans la vie aquatique.

Des méthodes conventionnelles pour le traitement des eaux usées textile consistent à des combinaisons variées des méthodes biologiques, physiques et chimiques [1]. Actuellement, l'investigation est focalisée sur le traitement des eaux usées en utilisant le procédé d'électrocoagulation (EC). L'électrocoagulation a montré son efficacité dans le traitement des eaux usées telles que celles des blanchisseries, des restaurants et les eaux usées des abattoirs. En effet, le procédé d'EC est largement utilisé dans l'élimination de l'arsenic [2], du phosphate [3], du sulfate et sulfite [4], du fluorure [5], du nitrate [6], et du chromate [7].

Dans l'électrocoagulation, le coagulant est libéré dans la solution in situ, en utilisant la dissolution d'une anode sacrificielle. Lors de l'alimentation des électrodes en courant, il y a simultanément une dissolution du métal de l'anode et un dégagement du gaz d'hydrogène H_2 au voisinage de la cathode. Les métaux d'aluminium et de fer sont généralement utilisés comme anode. Leur dissolution conduit à la formation des hydroxydes métalliques, oxy-hydroxydes métalliques et des hydroxydes polymériques. Ces composés ont généralement une meilleure efficacité de coagulation que celle des produits chimiques utilisés dans les techniques conventionnelles. Ils peuvent déstabiliser les colloïdes en suspension, en adsorbant, neutralisant ou précipitant les espèces polluantes dissoutes dans le liquide, pour les transformer finalement en flocs facilement extractibles par filtration ou flottation. L'électrocoagulation (EC) peut être assistée par l'injection d'air comprimé ou seulement réalisée par l'hydrogène H_2 produit par la cathode. Les bulles de gaz, ainsi générées en solution ont plusieurs avantages, y compris celui du transport, en particulier par flottation des particules déstabilisées. Il a été prouvé que cette technique offre la simplicité, l'efficacité, la compatibilité environnementale, la sécurité, la sélectivité, pour un faible coût [8], en particulier lorsque l'électrocoagulation est comparée au traitement biologique.

Notre rapport est composé de deux parties la première c'est la **partie théorique** où il y'a cinq chapitres :

Chapitre I : on traite tout ce qui est relatif à l'eau c.-à-d. des généralités sur l'eau à savoir les eaux résiduaires urbaines et industrielles, les eaux de mer ...etc.

Chapitre II : dans ce chapitre il y'a quelques informations sur les colorants textiles, leurs types, leurs utilisation leurs dangers.

Chapitre III : dans ce chapitre on a parlé des méthodes de traitement des eaux qui existe à part électrocoagulation et coagulation/floculation.

Chapitre IV : ce chapitre est consacré à la coagulation/floculation, à savoir le principe et les coagulants qui existent.

Chapitre V : c'est dans ce chapitre qu'on va parler de l'aspect théorique de l'EC, pour aborder la partie expérimentale avec le maximum des informations sur le procédé d'EC.

Après la partie théorique on a abordé en deuxième lieu la partie expérimentale où les paramètres opératoires influençant l'efficacité du procédé ont été optimisés tels que la densité de courant (DC), la concentration initiale en colorant, le pH initial, la conductivité (χ) et le temps d'électrolyse. Sous ces conditions optimales on a fait une comparaison entre l'électrode de fer et d'aluminium et une autre comparaison entre l'EC et la coagulation/floculation. A la fin de cette partie on a fait une étude sur la consommation énergétique et le coût du procédé.

PARTIE THÉORIQUE

GÉNÉRALITÉ SUR LES EAUX

INTRODUCTION

Dans tout l'univers, l'eau est une molécule que l'homme recherche avidement, car sa découverte dans l'atmosphère d'une planète lointaine libérerait aussitôt les rêves les plus fous de l'humanité.

Cette molécule, un modèle simple triangulaire la représente aisément avec la particularité d'un angle interatomique de 105°, dû à l'électro-négativité de deux de ses pôles, au lieu de 90° pour des liaisons strictement covalentes. Elle est caractérisée par un moment électrique mis en évidence par ses propriétés physiques et électriques. Enfin, sa formule peut s'écrire de façon très simple: H_2O, l'eau. Derrière ce mot, s'impose une image, née des derniers voyages spatiaux, celle d'une planète bleue: la Terre.

L'eau est la substance minérale la plus répandue à la surface du globe. Elle constitue l'hydrosphère. Son volume est estimé à 1370 millions de kilomètres cubes; on évalue de 500 000 à 1 million de kilomètres cubes le volume d'eau douce réparti entre les fleuves, les lacs et les eaux souterraines; les glaces des calottes polaires représentent un volume de 25 millions de kilomètres cubes, également d'eau douce. Enfin, il y a 50 000 kilomètres cubes d'eau dans l'atmosphère sous forme de vapeur et de nuages. L'évaporation annuelle est estimée à 500 000 kilomètres cubes et les précipitations sur les continents à 120 000 kilomètres cubes par an. Mais l'eau est surtout synonyme de vie biologique.

C'est le constituant majeur de la matière vivante. Il entre en moyenne pour 80 % dans sa composition. Chez les animaux supérieurs, le pourcentage d'eau est compris entre 60 et 70 %. Des valeurs extrêmes de 98 % se rencontrent chez des organismes marins tels que la méduse ou certaines algues; par contre, les bactéries sporulées, forme de résistance et de vie ralentie, voient leur teneur en eau réduite à 50 %.

Élément majeur du monde minéral et biologique, l'eau est aussi le vecteur privilégié de la vie et de l'activité humaine. A l'heure actuelle, l'utilisation globale de l'eau, en additionnant les usages domestiques, industriels et agricoles, représente le chiffre impressionnant de 250 m^3 par an et par habitant. Et encore les disparités sont énormes: de 100 m^3 pour les pays en voie de développement à 1500 m^3 pour les Etats-Unis. Il est donc certain que les besoins en eau de l'humanité ne cesseront de croître. Ceci implique la nécessité impérieuse de protéger l'eau. Il faut la traiter que ce soit pour produire une eau propre à la consommation ou à des usages spécifiques industriels ou pour limiter les rejets de pollution dans le milieu naturel.

La classification des eaux diffère d'une référence à une autre, quelques unes les classifient suivant l'origine ; quelques auteurs parlent même des eaux de pluies, certains autres s'intéressent à l'utilisation des eaux.

I- EAUX NATURELLES

1- Eaux souterraines

De point de vue hydrogéologique les couches aquifères se divisent en :

• **Nappes phréatiques ou alluviales** : Peu profondes et alimentées directement par les précipitations pluvieuses ou les écoulements d'eau en dessus,

• **Nappes captives** : Plus profondes que les premières et séparées de la surface par une couche imperméable, l'alimentation de ces nappes est assurée par l'infiltration sur leurs bordures.

La nature du terrain sous lequel se trouvent ces eaux est un déterminant de leurs compositions chimiques, cependant elles sont appelées aussi les eaux propres car ils répondent 'en général' aux normes de potabilité. Pourtant, ces eaux sont moins sensibles aux pollutions accidentelles, elles perdent totalement leur pureté originale dans le cas de contamination par des polluants.

Quand une eau souterraine contient une concentration en certains minéraux dépassant les normes de potabilité, mais elle représente des propriétés thérapeutiques on la distribue en bouteilles avec parfois un traitement bien défini, ces eaux sont dites eaux minérales.

2- Eaux de surface

Ce type des eaux englobe toutes les eaux circulantes ou stockées à la surface des continents (rivières, lacs, étangs, barrages,…). La composition chimique des eaux de surface dépend de la nature des terrains traversés par ces eaux durant leurs parcours dans l'ensemble des bassins versants. Ces eaux sont le siège, dans la plupart des cas, d'un développement d'une vie microbienne à cause des déchets rejetés dedans et de l'importante surface de contact avec le milieu extérieur. C'est à cause de ça que ces eaux sont rarement potables sans aucun traitement.

ÉLECTROCOAGULATION

Le tableau suivant présente la différence entre les eaux de surfaces et les eaux souterraines :

Tableau 1 : Principales différences entre eaux de surface et eaux souterraines		
Caractéristique	Eaux de surface	Eaux souterraines
Température	variable suivant saisons	relativement constante
Turbidité, MES (vraies ou colloïdales)	variable, parfois élevée	faible ou nulle (sauf en terrain karstique)
Couleur	liée surtout aux MES (argiles, algues...) sauf dans les eaux très douces et acides (acides humiques)	liée surtout aux matières en solution (acides humiques par exemple)
Minéralisation globale	variable en fonction des terrains, des précipitations, des rejets...	sensiblement constante en général nettement plus élevée que dans les eaux de surface de la même région
Fe et Mn divalents (à l'état dissous)	généralement absents, sauf en profondeur des pièces d'eau en état d'eutrophisation	généralement présents
CO_2 agressif	généralement absent	souvent présent en grande quantité
O_2 dissous	le plus souvent au voisinage de la saturation. Absent dans le cas d'eaux très polluées	absent la plupart du temps
H_2S	généralement absent	souvent présent
NH_4	présent seulement dans les eaux polluées	présent fréquemment sans être un indice systématique de pollution bactérienne
Nitrates	peu abondants en général	teneur parfois élevée
Silice	teneur en général modérée	teneur souvent élevée
Micropolluants minéraux et organiques	présents dans les eaux de pays développés, mais susceptibles de disparaître rapidement après suppression de la source	généralement absents, mais une pollution accidentelle subsiste beaucoup plus longtemps
Éléments vivants	bactéries (dont certaines pathogènes), virus, plancton (animal et végétal)	ferrobactéries fréquentes
Solvants chlorés	rarement présents	souvent présents
Caractère eutrophe	fréquent Accentué par les températures élevées	non

3- *Eaux des mers et océans*

Les mers et les océans constituent des énormes réservoirs d'eau, elles représentent près de 97.4% du volume d'eau existant actuellement sur notre planète, le reste est la part des eaux continentales (eaux souterraines et superficielles).

Les eaux de mers sont caractérisées par une grande salinité, elles sont dénommées aussi « eaux saumâtres », ce qui rend leur utilisation difficile, notamment leur coût très élevé pour leur traitement.

II- *EAUX DE CONSOMMATION*

Ce sont les eaux destinées à la consommation domestique, elles ont connues une énorme croissance suite au développement démographique et à l'amélioration des conditions de vie des populations. La consommation domestique en eau varie de quelques litres par jour dans les pays sans adduction publique et à faible confort ménager jusqu'à plusieurs centaines de litres dans les pays très développés. Même si ce n'est qu'une petite quantité qui va être bu, jamais ces eaux ne sont distribuées qu'après traitement, trois facteurs déterminent le choix d'un traitement:

• **La quantité** : La source doit couvrir la demande, en toute circonstance.

• **La qualité** : La qualité de l'eau brute dont on dispose doit être compatible avec la législation en vigueur.

• **L'économie** : Le coût d'investissement et de fonctionnement du procédé de traitement relatif à chacune des ressources disponibles est déterminant lors de la prise d'une décision.

Il faut signaler que les établissements distributeurs des eaux de consommation sont responsables de la conformité de ces eaux aux normes jusqu'à leurs arrivées au consommateur.

III- *EAUX INDUSTRIELLES*

La qualité et la quantité des eaux utilisées dans l'industrie sont très variables, elles dépendent du type de l'entreprise productrice et de sa taille (voir tableau -2-). Une eau qui va entrer dans un cycle de refroidissement d'une chaudière est moins exigeante que l'eau utilisée dans l'industrie électronique.

Utilisation		Sources d'eau acceptables (souvent après un traitement adéquat)
Eau de fabrications nobles	- Agroalimentaire - Pharmacie - Papiers blancs - Textiles - Teintureries - Chimie	- Eau moyennement minéralisée - Eau potable - Eaux de forage - Eaux de surface peu polluées
Eau déminéralisée	- Pharmacie - Chaudières - Préparation des bains divers - Rinçages en galvanoplastie - Eau ultra pure - Dessalement par osmose inverse	- Eaux de forage - Eaux de surface peu polluées
Eau de refroidissement en circuit semi-ouvert	- Réfrigération atmosphérique	- Eaux de surface pauvres en Cl⁻ - Effluents après traitement tertiaire
Eau de refroidissement en circuit ouvert	- Condenseurs et échangeurs	- Eaux de surface - Eaux de mer - Effluents après traitement
Eau de lavage de gaz ou produit de transport	- Lavage gaz métallurgique et incinération - Lavage charbon	- Eaux de surface tamisées et prédécantées - Effluents secondaires

Tableau 2 : Principales utilisation industrielles de l'eau et sources d'eau possibles

IV- EAUX USÉES

L'utilisation des eaux engendre un nouveau produit appelé effluent ou eau usée.

Les problèmes liés aux eaux usées sont aussi anciens que ces eaux elles même et ils s'aggravent suivant la croissance démographique, l'amélioration de la qualité de vie des populations et le développement des activités industrielles.

Les eaux usées se divisent en deux grandes catégories : les eaux résiduaires urbaines (ERU) et les eaux résiduaires industrielles (ERI).

1- Eaux résiduaires urbaines (ERU)

Les eaux résiduaires urbaines (ERU) regroupent les eaux ménagères, les eaux vannes et les eaux de ruissellement. La composition et les caractéristiques d'une eau résiduaire urbaine sont peu variables par rapport aux eaux usées industrielles (voir **tableau -1-).**

2- Eaux résiduaires industrielles (ERI)

Les caractéristiques des eaux usées industrielles subissent des grandes variations, elles dépendent à une multitude de paramètres type de l'industrie, production, nettoyage,..., les différentes étapes du procédé industriel, l'état des appareils,... Par ailleurs, il existe des caractéristiques communes entre les effluents de la même industrie.

En termes de volume et type de polluants, les effluents industriels présentent le plus souvent une charge importante et un risque de dysfonctionnement structurel et fonctionnel des réseaux d'assainissement et des dispositifs de traitement des eaux usées. Ces risques sont d'autant plus grands que les industries sont localisées en amont du réseau d'assainissement.

Les principaux polluants transitant dans les eaux usées d'origine industrielle sont :

• **Les métaux toxiques,**

• **Les toxines organiques,**

• **Les matières colorées,**

• **Les huiles et graisses,**

• **Les sels,**

• **La pollution organique**.

LES COLORANTS

I-QU'EST CE Q'UN COLORANT ?

1-Définition

Le terme « *colorant* » désigne tout composé chimique, naturel ou synthétique, qui a la propriété de colorer durablement le support sur lequel il est appliqué. En général, les colorants sont des composés organiques insaturés et aromatiques, constitués de chromophores et d'autochromes. Les chromophores représentent le squelette responsable de la coloration intrinsèque de la molécule. Il s'agit notamment des groupes insaturés N=O, N=N et C=N couplés à un système conjugué étendu. Les autochromes, quant à eux, sont des groupements ionisables de types NH_2, OH, CO_2H, SO_3H …qui permettent d'assurer la solubilité dans l'eau, mais surtout de créer des liaisons plus ou moins solides entre le colorant et le support.

Durant ces dernières décennies, les colorants synthétiques sont devenus de plus en plus utilisés en industrie en raison de leur synthèse assez facile, de leur production rapide et de la diversité de leur couleur comparée à celle des colorants naturels. Ainsi, la production annuelle mondiale de ces colorants est estimée à plus de 800000 tonnes utilisée principalement en industrie alimentaire, en cosmétique, en papeterie, en teinturerie et surtout en industrie textile qui absorbe à elle seule plus de 70% de la quantité totale produite.

L'utilisation intense des colorants synthétiques dans ces différentes industries engendre des sources de pollution considérables de l'environnement. En effet, 10 à 15% de la quantité de colorants utilisée lors des processus de coloration sont rejetés dans le milieu naturel. Ces colorants, en plus de la pollution esthétique qu'ils peuvent générer, constituent du fait de leur toxicité un danger potentiel pour l'homme et son environnement.

2- Classification des colorants

Les principaux modes de classification des colorants reposent soit sur leur structure chimique, soit sur leurs méthodes d'application aux différents supports. Ainsi, deux types de classification distincts sont proposés : une classification chimique et une classification tinctoriale.

2.1) Classification chimique

La classification des colorants selon leur structure chimique se fonde sur la nature du chromophore qui les compose, ce qui amène à distinguer les principales familles suivantes :

Les colorants azoïques, anthraquinoniques, du triphénylméthane, indigoïdes, polyméthiniques, indaminiques et phtalocyanines. Les classes les plus utilisées sont celles des azoïques, des anthraquinoniques, des triphénylméthanes et des indigoïdes *(Tableau -3-)*.

Tableau 3 : principales classes chimiques des colorants synthétiques

Classe de colorant	Chromophore
Azoïque	
Anthraquinone	
Triphénylméthane	
Indigoïde	

2.2) Classification tinctoriale

Les colorants peuvent être également classés selon leur mode d'application. Cette classification dite tinctoriale, basée surtout sur la nature des interactions entre le colorant et le support, est la plus répandue dans le domaine industriel. Ainsi pour les colorants à usage textile qui sont les plus utilisés en industrie, différentes classes peuvent être recensées (colorants acides, basiques, réactifs, métallifères, directs, de cuve et dispersés).

2.2.1) Colorants acides ou anioniques

Les colorants acides sont des sels alcalins d'acides sulfoniques ou carboxyliques qui présentent des groupements sulfonâtes ($-SO_3-$) ou carboxylates ($-CO_2-$) leur permettant de se fixer sur des fibres possédant des sites cationiques. Ils teignent les fibres animales ou protéiques naturelles (laine, soie) en solution légèrement acide mais ils sont inactifs vis-à-vis de la cellulose. Ces colorants sont pour la majorité des azoïques ou des anthraquinones.

2.2.2) Colorants basiques ou cationiques

Les colorants basiques sont des sels de composés organiques présentant des groupements amines ($-NH_2$) ou imines ($=NH$). Ils appartiennent à des classes chimiques très différentes tels que les azoïques, les anthraquinones, les dérivés du diphénylméthane et du triphénylméthane.

Ces colorants sont utilisés pour la teinture des fibres protéiques naturelles (laine, soie) et des cuirs.

2.2.3) Colorants réactifs

Les colorants réactifs sont des colorants solubles dans l'eau, capables de se fixer sur les fibres par des liaisons covalentes d'où la solidité des teintures réalisées. Ils appartiennent à des classes chimiques diverses tels que les azoïques, les anthraquinones et les phtalocyanines. Les molécules de ces colorants comportent des atomes labiles dont le départ permet la réalisation de liaisons covalentes avec les groupements appartenan aux fibres tels que les groupements hydroxyles ($-OH$) de la cellulose et amines ($-NH_2$) des polyamides.

2.2.4) Colorants métallifères

Les colorants métallifères, dits aussi colorants à mordant, appartiennent à la classe des azoïques et à celle des anthraquinones. Ce sont des composés organiques qui présentent des groupements fonctionnels de réactivité analogue donnant des complexes par chélation avec des sels de chrome, de cobalt, de cuivre, de fer, de calcium, d'étain ou d'aluminium. Ces sels, appelés mordants, sont le plus souvent incorporés lors de la synthèse du colorant permettant ainsi de teindre directement les fibres (coton, laine, polyamides) en solution aqueuse à une température d'environ 100°C.

2.2.5) Colorants directs

Les colorants directs, appelés aussi colorants à groupements polaires ou colorants substantifs, se fixent directement sur la fibre par des liaisons hydrogènes grâce à des groupements généralement basiques ($-NH_2$) ou acide ($-SO_3H$). Cette classe, essentiellement azoïque, est efficace pour la teinture des fibres cellulosiques, de la soie et de la laine.

2.2.6) Colorants de cuve

Les colorants de cuve sont des colorants insolubles dans l'eau sous leur forme primaire. Cependant, sous l'action d'un réducteur tel que le dithionite ($Na_2S_2O_4$) ces colorants se transforment en leucodérivés, incolores ou blancs, solubles dans l'eau. Les leucodérivés présentent plus d'affinité pour certaines fibres textiles telles que le coton, le lin, la laine et la soie. L'oxydation des leucodérivés fixés sur les fibres permet la régénération du colorant sous sa forme initiale insoluble dans l'eau. Les colorants de cuve appartiennent essentiellement à la classe des anthraquinones et à celle des indigoïdes. Leurs qualités de solidité en font l'un des groupes les plus importants des colorants synthétiques.

2.2.7) Colorants dispersés

Les colorants dispersés sont spécialement conçus pour teindre les fibres hydrophobes qui ne subissent aucun gonflement dans l'eau. Ces colorants, de faibles masses moléculaires, appartiennent à la classe des azoïques et à celle des anthraquinones. Ils présentent un nombre plus ou moins important de groupements hydrophiles (alcool, éther ou ester) qui facilitent leur dispersion et évitent leur cristallisation dans les bains de teinture. Les colorants dispersés sont solubles dans les solvants organiques qui permettent le gonflement des fibres hydrophobes facilitant ainsi leur teinture.

LES MÉTHODES DE TRAITEMENT DES EAUX

Les effluents industriels contaminés par les colorants sont diversifiés tant de point de vue de leur origine que de leur composition. Le traitement de ces effluents a fait l'objet de nombreux efforts de recherche au cours de ces dernières décennies. Différentes méthodes physico-chimiques de traitement ont été ainsi proposées.

1- *Précipitation*

La précipitation a été décrite comme un autre moyen efficace pour l'enlèvement des colorants. La méthode de précipitation la plus couramment utilisée pour éliminer les colorants des eaux contaminées consiste à les précipiter par ajout de produits chimiques tels que CaO, $Ca(OH)_2$, $Mg(OH)_2$, $NaOH$ et NH_4OH. Le traitement à la chaux (CaO ou $Ca(OH)_2$) est le traitement le plus utilisé du fait de sa relative simplicité et de son faible coût.

Certaines limitations existent cependant pour ce type de procédés : les précipités tendent à se dissoudre si le pH de la solution change, l'élimination des colorants dans un mélange peut être difficile puisque la solubilité minimale des différents colorants se trouve à des valeurs de pH différentes, l'emploi des agents alcalins usuels tel que $Ca(OH)_2$ pour les effluents fortement acides et contenant des sulfates entraîne la formation de quantités importantes de précipités secondaires.

La précipitation des colorants par les carbonates ou par les sulfures est une alternative efficace au traitement par les hydroxydes. La précipitation a lieu à des valeurs de pH inférieures et les précipités formés sont plus denses et sédimentent mieux.

2- *Adsorption*

L'adsorption constitue l'une des plus importantes méthodes utilisées pour l'élimination des colorants contenus dans les eaux. C'est une technique qui consiste à fixer les colorants à la surface d'un support solide par divers mécanismes incluant les interactions électrostatiques.

➢ **Physisorption**

L'étude de ce phénomène montre que sa nature varie selon les situations étudiées. Dans certains cas, l'adsorption met en jeu des forces de liaisons faibles, de type Van der waals, similaire à celles qui sont appliquées lors d'une liquéfaction. On dit alors que ce phénomène est une adsorption physique ou physisorption. En général, l'adsorption physique se produit bien avant que le gaz n'atteigne une pression égal à sa tension de vapeur saturante, se qui explique qu'elle se produit à des températures assez basses (voisines du point d'ébullition de la phase adsorbée). Elle met en jeu une chaleur d'adsorption assez faible (de l'ordre de 5 à 25 KJ/mol), caractéristique du fait que la répartition des charges électroniques du gaz adsorbé est peu différente de ce qu'elle est normalement, et que le gaz adsorbé a des propriétés a peu près identiques à celles des molécules libres. Elle est habituellement réversible et elle peut être monocouche ou multicouche.

➤ *Chimisorption*

Par contre, dans d'autres cas, l'adsorption met en jeu des énergies de liaisons importantes. On dit alors qu'elle est une adsorption chimique ou Chimisorption. L'adsorption chimique résulte d'une profonde modification de la répartition des charges électroniques de la molécule adsorbée : les forces de liaisons sont du même type que celles qui sont appliquées lors de la formation des liaisons chimiques. Elle met donc en jeu une chaleur d'adsorption assez grande et elle se fait parfois avec une énergie d'activation. Elle est souvent irréversible (ou difficilement réversible) et elle se fait en monocouche.

L'adsorbant le plus utilisé est le charbon actif quelle que soit son origine, qu'il soit sous forme de grains ou de poudre. Le charbon actif est particulièrement efficace pour la décoloration des eaux usées de teinturerie qui contiennent des colorants acides, basiques et réactifs, alors qu'il reste peu efficace pour l'élimination des colorants de cuve qui sont des colorants insolubles (voir type de colorant). L'utilisation d'un tel matériau adsorbant, relativement coûteux, nécessite, après saturation, une régénération fréquente le plus souvent par voie chimique.

D'autres matériaux adsorbants, disponibles à plus faibles prix et en abondance, ont été étudiés pour la décoloration des eaux. On peut ainsi noter l'utilisation expérimentale de la sciure de bois, des rafles de maïs, de la tourbe, des grignons d'olive, de l'argile brute ou cuite, de la bentonite et de la silice.

Les capacités d'adsorption de ces différents supports sont dépendantes des conditions tels que le temps de contact, la température, le pH, la force ionique, la concentration en colorants, la nature et la granulométrie du support adsorbant utilisé. Ces supports peuvent subir différents traitements chimiques (réticulation avec le formaldéhyde et le glutaraldéhyde ou greffage de fonctions amines et sulfoniques) en vu d'accroître leurs capacités d'adsorption et d'améliorer leurs propriétés mécaniques.

3- *Oxydation*

L'oxydation chimique par le chlore, le dioxyde de chlore ou l'hypochlorite de sodium a été décrite dans plusieurs travaux de recherche comme une autre méthode intéressante pour la décoloration des eaux chargées en colorants .C'est une méthode simple à mettre en œuvre et relativement peu onéreuse.

Néanmoins, la dégradation des colorants n'est parfois que partielle, générant des dérivés organiques chlorés toxiques.

La décoloration des eaux chargées en colorants acides, basiques et directs peut s'effectuer également par ozonolyse. Cependant, des quantités importantes d'ozone doivent être utilisées. De plus, des précautions doivent être prises lors de l'utilisation de ce gaz toxique, ce qui se traduit par un coût global d'utilisation élevé.

L'oxydation photo catalytique est un autre procédé d'oxydation, encore plus efficace, utilisé pour l'élimination des colorants. Ce procédé avancé d'oxydation est basé sur le principe de la génération de radicaux hydroxyles ($OH\bullet$) qui ont un pouvoir oxydant supérieur de celui des oxydants conventionnels. Ces radicaux hydroxyles sont capables de minéraliser, partiellement ou totalement, la plupart des colorants.

La génération de ces radicaux peut être effectuée par l'irradiation aux rayons UV de l'eau à traiter en présence de l'ozone (UV/O_3), du peroxyde d'hydrogène (UV/H_2O_2) ou du dioxyde de titane (UV/TiO_2).

4- *Filtration sur membrane*

La filtration sur membrane est un procédé de séparation physique de plus en plus utilisé pour la décoloration des eaux contaminées. Les procédés membranaires sont tous basés sur le même principe. L'effluent est forcé sous l'action d'une pression hydrostatique, plus ou moins importante, à travers une membrane semi-perméable qui peut être d'origine minérale ou organique.

Selon la taille des colorants à éliminer, on peut utiliser la microfiltration, l'ultrafiltration ou la nanofiltration. Ainsi, les colorants ayant une masse moléculaire relativement élevée tels que les colorants de cuve sont retenus par microfiltration.

La nanofiltration, quant à elle, permet l'enlèvement pratiquement de tous les colorants.

Cette technologie permet d'atteindre des rendements de traitement élevés, de l'ordre de 98%. Cependant, le coût important des membranes ainsi que leur colmatage relativement rapide nécessitant, pour éviter une baisse des performances, une régénération fréquente limite l'application d'une telle technologie.

5- *Désinfection par Ultra-violets*

Procédé de désinfection par rayonnement émis par des lampes à vapeur de mercure avec une longueur d'onde de 256 nanomètres (U.V c).

La désinfection par ultra-violet n'a pas d'effet rémanent, c'est-à-dire que son effet désinfectant ne persiste pas .L'eau ainsi purifiée n'a aucune action purifiante sur son environnement et n'est pas protégée contre une pollution ultérieure.

Cependant, le principal avantage de ce procédé est de n'apporter aucun additif à l'eau traitée; il est donc particulièrement adapté à la désinfection des eaux ultra-pures.

6- *Désinfection par produits chimiques*

Procédé de traitement par dosage, dans l'eau, de produit désinfectant destiné à détruire (effet biocide) ou à stopper la croissance (effet biostatique) des micro-organismes tels que les bactéries, les algues, les virus, les levures et moisissures.

Le principal avantage du procédé est la rémanence du traitement, c'est-à-dire que l'eau ainsi traitée garde dans le temps des propriétés désinfectantes et permet donc, dans une certaine mesure, d'absorber une contamination ultérieure et de désinfecter les matériaux avec lesquels elle est en contact.

ÉLECTROCOAGULATION

Les produits utilisés sont classés en deux grandes familles :

➤ *Les produits oxydants*

❖ Le chlore, disponible sous de multiples formes (pur en gaz liquéfié, en eau de Javel, en poudre, en pastille, en galet ou encore produit in-situ par électrolyse d'eau salée).

❖ Le brome, également disponible sous plusieurs présentations.

❖ L'ozone, à l'état gazeux, toujours produit in-situ à partir de l'oxygène de l'air.

❖ Il faut encore citer, pour certaines applications, le permanganate de potassium, l'iode et l'eau oxygénée.

Les produits oxydants sont principalement utilisés pour l'eau potable et l'eau des piscines.

➤ *Les produits non oxydants*

Ce sont, pour la plupart, des produits de la chimie organique qui agissent en bloquant les mécanismes de reproduction des micro-organismes ou en détruisant leurs membranes.

Ils ont pour avantage de conserver leur efficacité plus longtemps que les produits oxydants et d'être moins corrosifs. Les produits non oxydants sont principalement utilisés dans des applications industrielles.

CONCLUSION

D'après les comparatifs et teste à l'échelle du laboratoire, l'EC est une technique très effective pour différentes eaux usées. Cette méthode de traitement semble également avoir des propriétés de désinfection et elle permet une diminution des odeurs reliées aux effluents industriels, deux caractéristiques intéressantes pour l'industrie. L'électrocoagulation est un procédé électrolytique qui utilise la dissolution des anodes lors de l'imposition du courant pour traiter les eaux usées riches en métaux, mais également en matière organique. En effet, les ions métalliques mis en solution lors du passage du courant se complexent pour former des hydroxydes et ce sont ces composés qui jouent le rôle d'agents coagulants. Les hydroxydes réagissent avec les matières en suspension ainsi qu'avec certains composés dissous et finalement, l'ajout d'un polymère cationique permet la floculation et la flottation de ces agglomérations de particules. À la fin du traitement, il se produit une bonne séparation solide-liquide. Elle a fait l'objet de beaucoup des études de traitement des eaux usées comme les eaux sales (Lin et al. 1998), sable de goudron et eaux des schistes de pétrole (Renk, 1988), les eaux usées urbaines (Pouet et Grasmick, 2002), eaux usées de la lessive(Ge et al., 2004), les eaux usées des portées de nitrate et de l'arsenic (Koparal et Ogutveren, 2002 ; Kumar et al., 2004), les eaux usées à la politisations chimiques et mécaniques (Lai et Lin, 2003, 2004). L'EC a une bonne élimination de DCO, des couleurs, de la turbidité et les solides dissous.

COAGULATION-FLOCULATION

I) C'est quoi la coagulation-floculation?

1) Présentation générale

Lorsque la décantation naturelle des matières en suspension dans l'eau est trop lente pour obtenir une décantation efficace, on utilise les processus de coagulation et de floculation. Une partie importante de ces solides non décantables peut être colloïdale. La surface des particules est chargée négativement, ce qui leur permet de se repousser les unes les autres et les empêche de former des masses plus larges, appelées des flocs. Elles ne peuvent donc pas décanter. La coagulation est la déstabilisation de ces colloïdes par la neutralisation des forces qui les tiennent séparées par addition d'un réactif chimique, le coagulant. Elle s'accomplit en général par l'adjonction de coagulants chimiques et par un apport d'énergie nécessaire. La floculation est l'agglomération de ces particules " déchargées " en micro flocs, puis en flocons volumineux et décantables, le floc. Cette floculation peut être améliorée par l'ajout d'un autre réactif : le floculant ou adjuvant de floculation.

2) Les suspensions colloïdales

➤ Décantation des suspensions colloïdales

Les espèces colloïdales qu'on rencontre dans une eau brute ou une eau résiduaire comprennent de l'argile, de la silice, du fer et autres métaux lourds et des solides organiques tels que des détritus d'organismes morts. Elles ont une taille inférieure à 1 micron. D'après la loi de Stokes en régime laminaire, leur vitesse de décantation est très faible :

Tableau 4 : Temps de décantation des suspensions colloïdales

Diamètre du colloïde en mm	En micron	Temps de décantation pour 1 m d'eau à 20°C
10^{-4}	0,1	2ans
10^{-5}	0,01	20ans
10^{-6}	0,001	200 ans

Les colloïdes sont donc des particules impossibles à décanter naturellement. Même si l'on a affaire à des particules pas franchement colloïdales, on peut utiliser une coagulation pour former des masses plus grosses qui décantent plus rapidement. En effet, lorsqu'une installation de traitement dispose d'un temps insuffisant de clarification pour éliminer les matières en suspension, la coagulation et la floculation permettent de dépasser les capacités de l'installation prévue au projet.

ÉLECTROCOAGULATION

➢ *Stabilité des suspensions colloïdales*

Les colloïdes sont soumis à deux grands types de forces :

❖ Force d'attraction de Van der Waals liée à la structure et à la forme des colloïdes ainsi qu'à la nature du milieu (E_A, énergie correspondante)

❖ Force de répulsion électrostatique liée aux charges superficielles des colloïdes (E_B, énergie correspondante).

L'énergie totale des colloïdes vaut alors :

$$E = E_A + E_B \quad (1)$$

Pour déstabiliser la suspension, il faut alors franchir la barrière énergétique E_S, c'est-à-dire diminuer les forces de répulsion électrostatique. C'est le rôle de la coagulation.

3) *Coagulation :*

Dans l'eau brute, les colloïdes sont généralement chargés négativement et se repoussent mutuellement. Afin de neutraliser cette charge superficielle négative, on ajoute des cations qui forment une couche autour du colloïde favorisant le rapprochement des particules. C'est la coagulation.

Pour mesurer la puissance de charge de la particule, on utilise un Zétamètre. Cet appareil permet d'évaluer la charge des particules grâce à la mesure du **potentiel Zêta** qui régit la manière dont les colloïdes se déplacent et interagissent. En pratique, plus il est négatif, plus la charge de la particule s'intensifie (négativement bien sûr). Ainsi, au fur et à mesure qu'il diminue en valeur absolue, les particules peuvent s'approcher les unes des autres plus étroitement, ce qui accroît les probabilités de collision. Dans un système de clarification classique, à un pH compris entre 6 et 8, les coagulants fournissent des charges positives qui diminuent le potentiel Zêta.

Théoriquement, la coagulation se produit à l'annulation de ce potentiel, ce qui correspond à une complète neutralisation de charge. Mais, en pratique, ce n'est pas nécessaire ; il suffit que ce potentiel soit légèrement négatif. Il faut faire attention à ne pas trop ajouter de coagulant, car la surface de la particule va alors se trouver chargée positivement (potentiel Zêta positif) et les colloïdes vont se disperser à nouveau.

Le potentiel Zêta est déterminé indirectement à partir des données obtenues en observant les vitesses de déplacements des particules au microscope. L'appareil utilisé s'appelle un Zétamètre. Les mesures du potentiel Zêta servent à contrôler les doses optimales de coagulants à utiliser.

3.1) *Les coagulants :*

➢ *Les coagulants minéraux :*

La neutralisation de la charge superficielle négative du colloïde est réalisée par l'ajout de cations. Pour choisir le coagulant, il faut tenir compte de :

❖ *Sa valence* ; la coagulation est d'autant plus efficace que la valence du cation est élevée (d'après la théorie de Schulze Hardy, **un ion trivalent est dix fois plus efficace qu'un ion divalent**),

  ❖ *Son innocuité*,
  ❖ *Son coût*.

Ainsi les sels d'aluminium III et de fer III sont largement utilisés. Les plus courants sont :

❖ Les sulfates d'aluminium et de fer III : $Al_2(SO_4)_3$ et $Fe_2(SO_4)_3$
❖ Les chlorures d'aluminium et de fer III : $AlCl_3$ et $FeCl_3$
❖ Les mélanges de sulfates et de chaux : $M_2(SO_4)_3 + Ca(OH)_2$
❖ Les produits mixtes Al^{3+}/Fe^{3+}

La réaction de base lors de la mise en solution des coagulants minéraux est une hydrolyse qui modifie les caractéristiques physico-chimiques de l'eau à traiter (pH, conductivité).

$$Mn^+ + 3H_2O \longrightarrow M(OH)_3 + 3H^+$$

Or, le pH est un élément primordial pour l'élimination des colloïdes. Donc, pour obtenir le pH optimal de coagulation, il peut être nécessaire d'ajouter un acide ou une base.

Le problème posé par les coagulants minéraux vient de la formation d'hydroxydes précipités qui entraîne la production d'un volume de boue important. Ces boues doivent être éliminées ultérieurement dans le processus de séparation liquide-solide.

➤ *Les coagulants organiques de synthèse*

Ce sont des molécules organiques de synthèse à caractère cationique. Ces produits neutralisent les colloïdes négatifs et sont utilisables directement, en remplacement total ou partiel d'un coagulant minéral. Ils présentent l'avantage de réduire considérablement le volume de boue produite. Mais, dans certains cas, ils sont moins efficaces. Donc, l'utilisation conjointe des deux types de coagulant permet une très nette diminution de la quantité de coagulant minéral nécessaire (40 à 80%) tout en assurant un moindre volume de boue produite.

4) Floculation

➤ *Le processus de floculation*

La floculation, étape suivante dans le processus de clarification de l'eau, consiste en deux phénomènes de transport successifs :

- ❖ La *floculation péri-cinétique*. N'intervenant que sur les particules colloïdales, elle favorise la formation du micro floc. Elle est liée à la diffusion brownienne, c'est-à-dire à l'agitation thermique. Le mouvement brownien correspond au déplacement désordonné des colloïdes par le bombardement de chaque molécule d'eau.
- ❖ La *floculation ortho-cinétique*. Elle permet d'obtenir le floc volumineux séparable. Elle est liée à l'énergie dissipée.

La vitesse d'agitation agit sur la probabilité de rencontre des particules. Mais, il n'est pas possible de l'augmenter exagérément. En effet, si elle est trop élevée, les flocs formés subissent un cisaillement mécanique entraînant leur destruction et ils se reforment rarement eux-mêmes. La floculation est donc favorisée par une vitesse d'agitation assez faible qui amène doucement les flocs à se réunir.

➤ *Les floculants*

Le floc qui se forme par l'agglomération de plusieurs colloïdes peut ne pas être suffisamment large pour décanter ou pour se déshydrater à la vitesse souhaitée. L'utilisation d'un floculant est alors nécessaire. Il rassemble toutes les particules de floc dans un filet, construisant un pont d'une surface à l'autre et liant chaque particule pour former de vastes agglomérats.

Le temps à respecter entre les ajouts de coagulant et de floculant est primordial. En effet, un floculant n'est en général efficace que lorsque la phase de coagulation est achevée. Pour choisir les floculants, il faut considérer la taille, la cohésion et la vitesse de décantation du floc. Comme pour les coagulants, le taux de traitement à mettre en œuvre est donné par un essai de floculation.

On utilise :

❖ Des *polymères minéraux* tels que la silice activée (SiO_2), généralement associée au sulfate d'aluminium en eau froide,

❖ Des *polymères naturels* extraits de substances animales ou végétales : amidons, alginates (obtenus à partir d'algues marines),

❖ Des *polymères de synthèse* apparus plus récemment qui ont fait évoluer considérablement les performances de la floculation. Ils conduisent souvent à un volume de boue très inférieur.

Récapitulant l'électrocoagulation est une méthode qui demande des équipements simple donnant une décoloration relativement rapide avec réduction significative de la **DCO**. Mais elle présente des inconvénients à savoir la quantité des boues qui est énorme de plus elle demande une adjonction de produits chimiques, les coagulants ne peuvent pas être régénérer et qui donne peut d'information sur la réduction de **BDO** et **DCO**.

ÉLECTROCOAGULATION

I) *L'ÉLECTROLYSE :*

L'application d'une différence de potentiel entre deux électrodes plongées dans un bain électrolytique (solution contenant des ions) crée un champ électrique orienté dans lequel les ions se mettent en mouvement: les cations se dirigent vers la cathode, les anions vers l'anode. Quand la tension appliquée est suffisante, les réactions suivantes se produisent aux interfaces électrolyte-électrodes

❖ **A l'anode: oxydation avec émission d'électrons :**

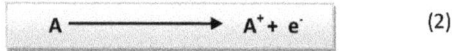

$$A \longrightarrow A^+ + e^- \qquad (2)$$

❖ **A la cathode : réduction avec capture d'électron :**

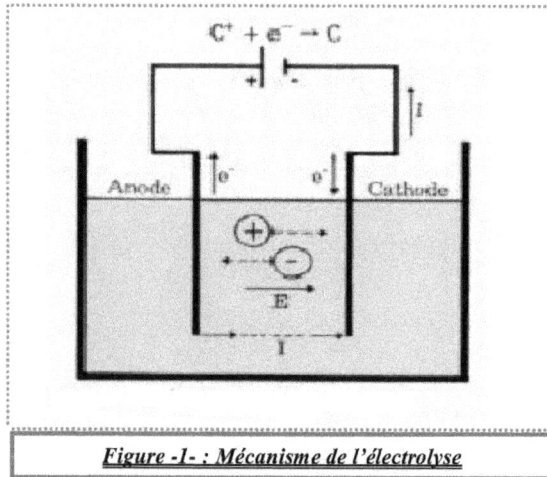

$$C^+ + e^- \longrightarrow C \qquad (3)$$

Figure -1- : Mécanisme de l'électrolyse

1) *Relation de NERNST :*

A l'abandon dans un électrolyte (sous courant nul), une électrode prend une tension E_o. Cette tension, qui correspond à un équilibre entre les espèces présentes, est appelée potentiel d'équilibre et suit la relation de Nernst.

$$E_o = E_o^\circ + \frac{RT}{nF} \ln \frac{Aox}{Ared} \qquad (4)$$

Avec:

$E°$: potentiel d'équilibre de l'électrode,

E_0^0 : potentiel d'équilibre de l'électrode dans les conditions standard (activités des espèces oxydantes et réductrices égales à l'unité),

R : constante molaire des gaz parfaits,

F : constante de Faraday,

T: température absolue,

n : nombre d'électrons mis en jeu dans le processus électrochimique,

A_{ox} : activité de l'espèce oxydante,

$A_{réd}$: activité de l'espèce réductrice.

Les activités sont assimilables aux concentrations dans le cas de solutions idéales. Les potentiels E00 et E0 sont exprimés par rapport à une électrode de référence, généralement une électrode normale à hydrogène (E.N.H). Le *tableau -4-* donne des valeurs du potentiel d'équilibre standard de quelques couples.

Tableau-5- : : Echelle de Nernst des potentiels normaux d'équilibre

Métal	Réactions à l'électrode	Potentiel d'équilibre (volts)
Magnésium	$Mg = Mg^{2+} + 2e^-$	- 2,34
Béryllium	$Be = Be^{2+} + 2e^-$	- 1,70
Aluminium	$Al = Al^{3+} + 3e^-$	- 1,67
Manganèse	$Mn = Mn^{2+} + 2e^-$	- 1,05
Zinc	$Zn = Zn^{2+} + 2e^-$	- 0,76
Chrome	$Cr = Cr^{3+} + 3e^-$	- 0,71
Fer	$Fe = Fe^{2+} + 2e^-$	- 0,44
Nickel	$Ni = Ni^{2+} + 2e^-$	- 0,25
Plomb	$Pb = Pb^{2+} + 2e^-$	- 0,13
Hydrogène	$H2 = 2 H^+ + 2e^-$	- 0,000 par convention
Cuivre	$Cu = Cu^{2+} + 2e^-$	+ 0,34
Cuivre	$Cu = Cu^+ + e^-$	+ 0,52
Argent	$Ag = Ag^+ + e^-$	+ 0,80
Platine	$Pt = Pt^{2+} + 2e^-$	+ 1,20
Or	$Au = Au^{3+} + 3e^-$	+ 1,42

2) *Tension d'électrolyse :*

En fonctionnement normal d'une cellule d'électrolyse, la tension V obéit à une loi de la forme.

$$V = (E_0 + S) \text{ anode} - (E_0 + S) \text{ cathode} +$$ (5)

Avec:

E_0 : potentiel d'équilibre des électrodes,

S : Surtension d'électrodes,

r_l : chute ohmique due à la résistivité de l'électrolyte.

a- *Loi de faraday*

La loi de Faraday exprime la relation qui lie la quantité d'électricité traversant une cellule d'électrolyse à l'amplitude des réactions se produisant aux interfaces électrodes-électrolyte

$$P = (R_f * M * I_t)/(n * N * e_0)$$ (6)

Avec:

P : masse de constituant mise en jeu au cours de la réaction (g),

R_F. : rendement de courant,

M : masse molaire du constituant (g),

I_t : quantité d'électricité traversant la cellule (C),

n : nombre d'électrons-grammes échangé lors de la réaction,

N : nombre d'Avogadro = $6,02.10^{23}$ pour une mole,

e_0 : charge de l'électron = $1,6\ 10^{-19}$ C.

3) *APPLICATIONS INDUSTRIELLES :*

Parmi les applications industrielles de l'électrolyse on site :

❖ **Electrochloration.**

❖ **Électrocoagulation.**

❖ **Electroflottation.**

❖ **Electrodialyse.**

❖ **Electroplastie**.

Dans notre projet de fin d'étude on va s'intéresser à l'étude de l'électrocoagulation.

II) *L'ÉLECTROCOAGULATION:*

INTRODUCTION

La coagulation chimique et les traitements biologiques sont des techniques toujours fort utilisées dans le traitement de divers types d'effluents municipaux et industriels. Par contre, certains inconvénients sont induits par l'utilisation de sels métalliques comme l'acidification de l'eau traitée et la quantité importante de boues à disposer. Dans le cas des traitements biologiques, c'est plutôt la lenteur du traitement et l'obligation de prétraiter les eaux afin de diminuer la charge organique qui sont problématiques. Une alternative intéressante à ces procédés serait donc de former in situ un agent coagulant qui permettrait d'éliminer l'ajout de produit chimique tout en agissant directement sur l'eau brute, même si celle-ci est fortement chargée. La technique qui présente ces deux avantages se nomme l'électrocoagulation. Cette méthode de traitement semble également avoir des propriétés de désinfection et elle permet une diminution des odeurs reliées aux effluents industriels, deux caractéristiques intéressantes pour l'industrie. L'électrocoagulation est un procédé électrolytique qui utilise la dissolution des anodes lors de l'imposition du courant pour traiter les eaux usées riches en métaux, mais également en matière organique. En effet, les ions métalliques mis en solution lors du passage du courant se complexent pour former des hydroxydes et ce sont ces composés qui jouent le rôle d'agents coagulants. Les hydroxydes réagissent avec les matières en suspension ainsi qu'avec certains composés dissous et finalement, l'ajout d'un polymère cationique permet la floculation et la flottation de ces agglomérations de particules. À la fin du traitement, il se produit une bonne séparation solide-liquide.

1) *Origine et développement du procédé d'EC* :

Le premier document rapportant l'utilisation de l'EC pour le traitement des effluents est un brevet américain déposé en 1880 par Webster (Picard, 2000) qui utilisait des électrodes en fer. La même année, une station d'épuration fut construite sur la base de ce brevet, à Salford (Grande-Bretagne) pour traiter les eaux polluées urbaines. En 1909, Harries dépose un nouveau brevet sur ce procédé : les anodes étaient alors constituées par des plaques de fer et d'aluminium. En 1912, deux autres stations de traitements des eaux usées furent construites sur ce principe, aux Etats-Unis. Cependant, leur fonctionnement fut stoppé, quelques années plus tard (1930), en raison du coût qui étaient deux fois plus élevé que celui d'un traitement classique.

En 1946, Stuart étudie plus précisément le procédé avec un réacteur équipé d'électrodes en aluminium. Comparant le procédé de coagulation physico-chimique et le procédé électrochimique, il observe que le phénomène de coagulation semble plus rapide avec la méthode électrochimique. Bollina (1947), se base sur les résultats de Stuart et réalise une comparaison économique des deux procédés. Il estime que pour les installations de petites tailles, l'électrocoagulation peut s'avérer plus compétitive que les procédés classiques. Les recherches se sont poursuivies sur les effluents de caractéristiques très différentes : Holden (1956) s'intéresse à la possibilité de traiter les eaux de surface pour la production d'eau potable alors que Sadek (1970) propose un traitement des eaux usées en éliminant les phosphates par EC. Back et coll. (1974) emploient le procédé pour le traitement des effluents issus des industries agro-alimentaires. En 1975, Strokach en URSS, évoque divers « électro-coagulateurs », permettant le traitement et le recyclage des eaux usées pour une éventuelle réutilisation en agriculture. En 1980, de nombreux travaux ont été présentés par des chercheurs russes sur l'électrocoagulation comme moyen de traitement efficace des eaux usées. Enfin, en 1984, Vik réalise un travail conséquent démontrant la possibilité de produire de l'eau potable par le procédé d'électrocoagulation à partir des eaux naturelles norvégiennes fortement chargées en substances humiques (Picard, 2000). En dépit de ces nombreuses recherches, le procédé d'EC a marqué un net recul en raison de l'évolution des autres procédés de traitement des eaux qui sont apparues plus simples et moins coûteuses. Ainsi l'électrocoagulation s'est finalement peu développée jusqu'au début des années 90.

Le développement de la législation concernant les rejets d'eaux polluées en milieu naturel, ainsi que l'avancement des recherches dans les différents procédés d'électrochimiques ont dans les années 80, réactualisé l'électrocoagulation qui a alors connu un regain d'intérêt. Les efforts récents concernant le développement des procédés propres de traitement des eaux, ont permis à l'électrocoagulation de prendre de l'importance, offrant ainsi un coût d'investissement et de traitement compétitif, et une large efficacité d'élimination de polluants. Les industries de traitement de surface ont été les premières à instaurer des procédés d'électrocoagulation, en France, dans les années 90. Depuis, la technologie des procédés d'EC ne cesse d'être développée et améliorée dans des domaines industriels variés (textile, agroalimentaire, semi – conducteurs…). L'importance de l'électrocoagulation s'est accrue du fait de son efficacité, généralement supérieures aux autres techniques, pour éliminer les différentes formes de pollution, répertoriées par les indicateurs suivants:

- **DCO** : Demande chimique en oxygène,

- **DBO** : Demande biologique en oxygène,

- **COT** : Carbone organique total,

- **MES** : Matières en suspensions,

- **TDS** : Taux de solides dissous,

- **TAC** : Taux alcalimétrique complet,

- **Les métaux lourds**,

- **ABS** : Coloration liée à l'absorbance de l'effluent.

2) *Description de l'EC*

Trois processus principaux se passent durant l'EC :

1- Exécution des réactions électrolytiques au niveau des surfaces des électrodes.

2- Formation du coagulant à la phase gazeuse.

3- Adsorption des polluants solubles sur le coagulant et élimination par sédimentation ou flottation.

L'électrocoagulation permet de libérer sous l'action d'un courant électrique continu, dans le cas de l'aluminium, les ions OH^- et Al^{3+} avec dégagement d'hydrogène selon les réactions suivantes:

$$\underline{Anode}: \qquad Al \rightarrow Al^{3+}(aq) + 3e^- \qquad (7)$$

$$\underline{Cathodes}: \quad 3H_2O + 3e^- \rightarrow 3/2\ H_2O + 3OH^- \qquad (8)$$

- **Remarque** : la cathode peut être aussi attaquée chimiquement par les ions libérés durant l'évolution de H_2 à des pH élevés selon la réaction :

$$2Al + 6H_2O + OH^- \rightarrow 2Al\ (OH)^-_4 + 3H_2 \qquad (9)$$

Les ions Al^{3+}(aq) et OH^- formés selon les réactions *(1)* et *(2)* donne des différentes espèces monomériques : $Al(OH)^{2+}$, $Al(OH)_2^+$, $Al_2(OH)_2^{4+}$, $Al(OH)_4^-$, et polymériques : $Al_6(OH)_{15}^{3+}$, $Al_7(OH)_{17}^{4+}$, $Al_8(OH)_{20}^{4+}$, $Al_{13}O_4(OH)_{24}^{7+}$, $Al_{13}(OH)_{34}^{5+}$ qui vont finalement transformer en $Al(OH)_3$ selon la cinétique de précipitation du complexe .

Les pourcentages de formation de ces espèces jouent aussi un rôle très important au processus d'élimination des couleurs (voir **figure -2-**). Les interactions mécaniques entre les molécules des polluants et ces espèces dépendent de pH du milieu et les types des ions en présence. Deux types d'interaction majeurs sont considérés actuellement ; la précipitation et l'adsorption dans des gammes de pH séparées. La floculation est expliquée comme précipitation dans une gamme des pH faibles, quand les pH sont élevés (>6.5) elle est expliquée comme adsorption (Gurses et al. 2002 ; Can et al. 2003 ; Kobya et al. 2003). A des pH supérieurs à 9, $Al(OH)_4^-$ est présent aussi dans le système qui se transformera facilement en $Al(OH)_3$ formant un « sweep flocs » de grande surface qui va être bénéficiaire à une adsorption rapide des composants organiques solubles et piège des particules colloïdal. Ces flocs polymérisent selon :

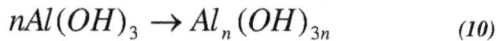

$$nAl(OH)_3 \rightarrow Al_n(OH)_{3n} \qquad (10)$$

Et ils peuvent être éliminés facilement par sédimentation ou flottation par H_2.

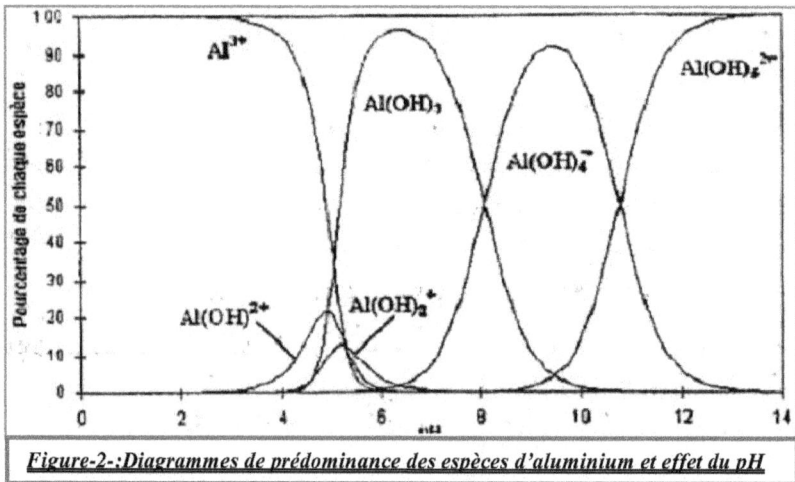

Figure-2-:Diagrammes de prédominance des espèces d'aluminium et effet du pH

La figure suivante récapitule le principe du procédé avec des électrodes d'aluminium.

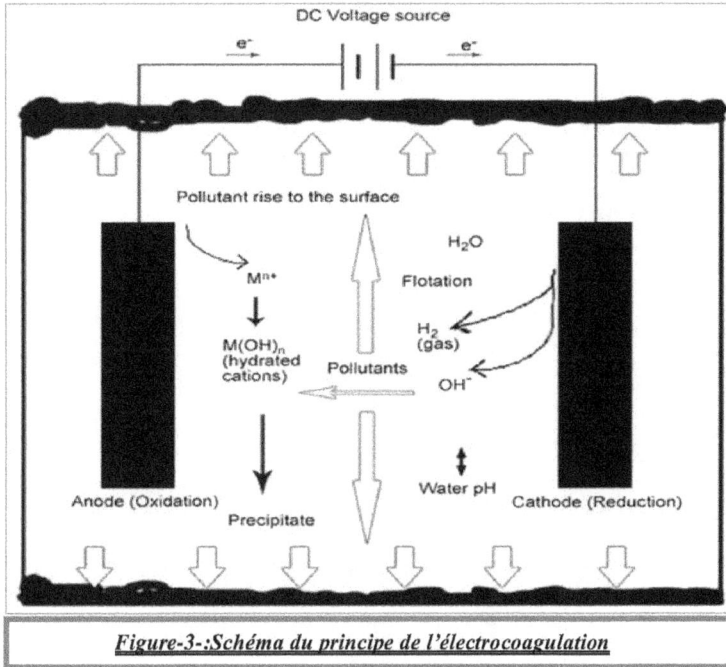

Figure-3-:Schéma du principe de l'électrocoagulation

CONCLUSION

Donc l'EC est l'un des procédés les plus effectifs pour l'élimination de la couleur et des polluants organiques. C'est ce qu'on va vérifier dans notre étude expérimentale.

PARTIE EXPÉRIMENTALE

ÉLECTROCOAGULATION

Avant de réaliser les expériences on a vérifié la longueur d'onde maximale et étalonné l'UV-vis pour la fiabilité des résultats et le bon déroulement des expériences.

I) VÉRIFICATION DE λ_{max}

Une étude bibliographique montre que λ_{max} de notre colorant est de 485, notre étude expérimentale moyennant un spectrophotomètre et prenant deux concentrations de ce colorant (50 mg/l et 25 mg/l) donne les résultats figurés dans le graphe (*fig.: 4*) :

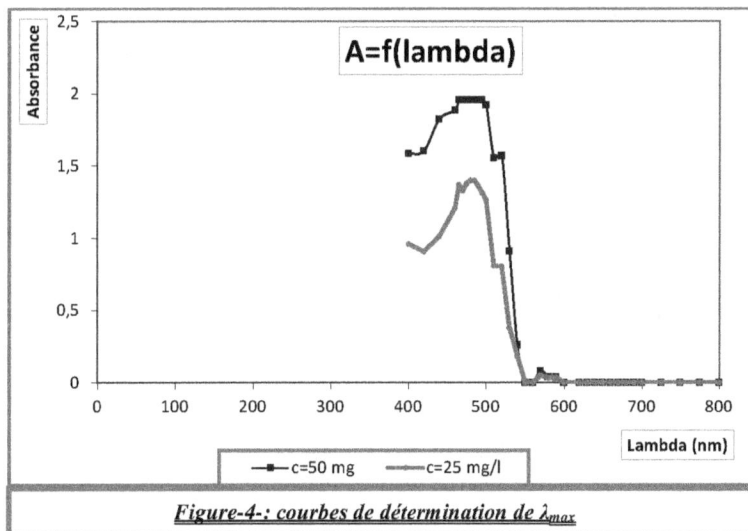

Figure-4-: courbes de détermination de λ_{max}

Pour les différentes concentrations λ_{max} relatives à ce colorant est toujours 485, alors il est clair que les résultats sont identiques aux recherches réalisées.

II) ÉTALONNAGE DU SPECTROPHOTOMÈTRE

• Mode opératoire

A partir de 250 ml d'une solution mère de concentration 200 mg/l, on prépare dans 6 fioles de 50ml des concentrations diluées. Le tableau suivant donne les résultats d'étalonnage :

Tableau-6- : Étalonnage du spectrophotomètre						
Fiole	**1**	**2**	**3**	**4**	**5**	**6**	**7**
C (mg/l)	**200**	**150**	**100**	**50**	**25**	**12,5**	**6,25**

On mesure par la suite l'absorbance (A) de chaque concentration, les résultats obtenus sont motionnés dans le graphe d'étalonnage suivant :

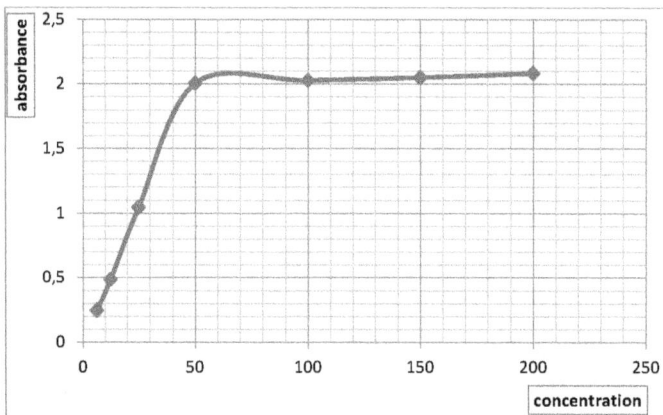

Figure-5-:courbe d'étalonnage de spectrophotométrie A=f(C)

Alors après vérification de λ_{max} et étalonnage du spectrophotomètre on passe maintenant au protocole expérimental.

> ➢ Étude de l'électrocoagulation et optimisation des paramètres opératoires.
> ➢ Comparaison de la performance des électrodes de fer et d'aluminium.
> ➢ Comparaison de l'électrocoagulation et de la coagulation-floculation.
> ➢ Étude économique du procédé d'électrocoagulation

ÉTUDE DE L'ÉLECTROCOAGULATION

RESUMÉ

Dans notre PFE on a travaillé sur l'élimination d'un colorant textile azoïque orange II par électrocoagulation, les paramètres du procédé ont été optimisés. Le courant optimal I= 1,6A, la conductivité optimale du milieu χ= 9,5 mS/cm, le pH optimal est 7 pour une concentration en colorant de 50mg/l et un temps optimal de 5min.

Pour ces paramètres optimaux on a fait une comparaison entre les électrodes d'aluminium et les électrodes de fer, à la fin on a fait une comparaison entre la coagulation-floculation classique et l'électrocoagulation.

I) *MATÉRIELS ET MÉTHODES :*

➤ Le colorant utilisé dans ce projet est l'Orange II ;

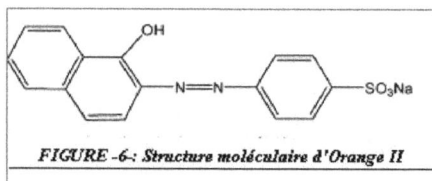

FIGURE -6-: Structure moléculaire d'Orange II

La solution est préparée par dissolution du colorant dans l'eau de ville. Le montage des expériences est montré sur la figure ci-dessous :

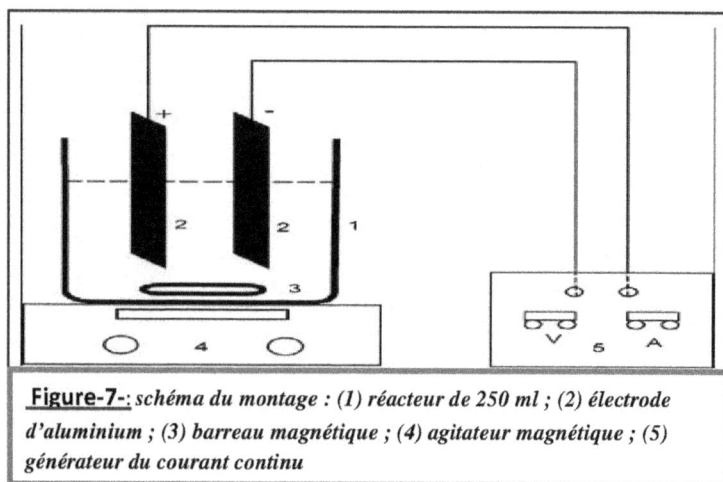

Figure-7-: *schéma du montage : (1) réacteur de 250 ml ; (2) électrode d'aluminium ; (3) barreau magnétique ; (4) agitateur magnétique ; (5) générateur du courant continu*

> La conductivité est ajustée par l'addition de *NaCl*, la mesure de la conductivité est réalisée par un *conductimètre* (**CDM 210 Radiometer analytical**), le pH de la solution est mesuré par un *pH-mètre* (**PHM 220 Radiometer analytical**) et ajusté par ajout de *NaOH* ou H_2SO_4, les électrodes d'aluminium sont de dimensions (*46*47*1*) *mm^3* et la distance entre les électrodes est de *1,5 cm* pour tout le travail, les électrodes sont connectés au *générateur de courant continu* (**Elektro-Automatik Gmbh**) avec control de courant. La densité de courant est calculée par la relation :

$$DC = \frac{I(A)}{2S\ électrode(m^2)} \quad (11)$$

Où I est le courant en (A) est S est la surface des électrodes *(0,00451 m^2)*.

> Toutes les expériences sont réalisées à une *température de 20 °C*, une agitation appropriée. 250 ml de la solution colorée en Orange II est placée dans la cellule d'électrolyse. L'expérience commence lorsqu'on ajuste tous les paramètres opératoires aux valeurs voulus, à la fin de l'électrocoagulation on laisse décanter pendant *20 min*.

> La concentration est mesurée après les vingt minutes de décantation par mesure de l'absorbance dans un appareil d'*UV-visible* (**UV-vis J.P.Selecta, s.a. gamme (200-800 nm)**) par la méthode de calibration selon la loi de Beer-Lambert. Le calcul de l'efficacité de décoloration est donné par la formule

$$ED(\%) = \frac{C_0 - C}{C_0} *100 \quad (12)$$

Où C_0 et C sont respectivement les concentrations du colorant avant et après électrocoagulation en mg/l.

Puisque l'absorbance varie d'une façon linéaire avec la concentration dans le domaine de 0 à 50 mg/l, ce rendement peut être déterminé en utilisant la relation suivante ;

$$ED(\%) = \frac{A_0 - A}{A_0} *100 \quad (12)$$

II) RÉSULTATS ET DISCUSSIONS

Les effets de la densité du courant, concentration initiale en colorant, pH, conductivité et temps d'électrolyse ont été vérifiés et optimisés dans les conditions opératoires pour arriver à l'efficacité maximale de décoloration, puis on a fait une comparaison entre les électrodes de fer et d'aluminium en travaillant dans les mêmes conditions et mêmes paramètres opératoires optimaux, enfin on a procédé à une autre comparaison entre l'électrocoagulation et la coagulation-floculation classique et à l'étude de l'aspect économique du procédé d'EC. Les résultats des effets de ces paramètres opératoires sont détaillés ci-dessous.

1) Effet de la densité de courant

La densité de courant est la quantité du courant par unité de surface des électrodes. La densité de courant a un grand effet sur l'EC, spécialement sur le cinétique de l'élimination : plus le courant est important plus le temps de traitement est court. C'est attribué au fait qu'à une densité de courant élevée, la dissolution anodique de l'aluminium augmente, il en résulte une grande quantité de précipité qui servent à éliminer les polluants. De plus, le taux de génération des bulles augmente et leur taille diminue avec l'augmentation de la densité du courant. Ces effets sont tous les deux bénéfiques pour une élimination assez importante par flottation de H_2. Pour vérifier l'effet de la densité du courant sur l'efficacité d'élimination, le procédé d'électrocoagulation a été effectué en utilisant différentes densités de courant avec un pH initial de 6,5. La densité du courant utilisée varie de 11 à 77,6 mA/cm^2, les résultats des expériences sont représentés dans la **figure-8-.** Quand la densité de courant a augmentée de 35,47 à 77,6 mA/cm^2 on a observé que le pourcentage d'élimination du colorant n'a pas changé après 5 min d'électrolyse dans l'unité d'EC. Pour cette raison, la densité de courant optimale est 35,47 mA/cm^2. Avec ces conditions expérimentales, l'efficacité d'élimination a atteint 96%.

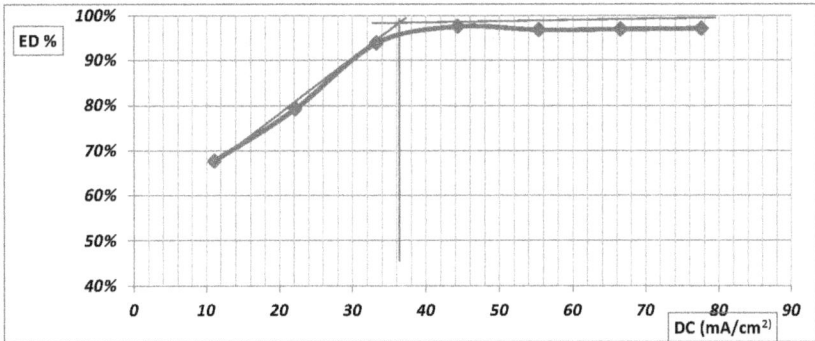

Selon la loi de Faraday (**équation-5-**) quand la densité de courant augmente la quantité d'ions produits par l'électrode augmente ainsi la quantité de flocs augmente, ce qui conduit à une augmentation de l'efficacité de décoloration.

> ## Énergie consommée :

L'efficacité du courant et l'énergie électrique consommée sont des paramètres très importants dans le procédé d'électrocoagulation, ainsi que tous les procédés électrolytiques.

L'énergie consommée est calculé suivant la relation :

$$E = U.I.t_{ec} \qquad (13)$$

Avec :

> U : tension de cellule ;
>
> I : intensité de courant ;
>
> t_{ec} : temps d'électrolyse.

L'énergie électrique spécifique est calculée en fonction de l'aluminium consommé durant l'électrocoagulation en (KWh/Kg Al) suivant la relation :

$$EES = ((n.\ F.\ U)/(3600.M.\ \alpha)) \qquad (14)$$

Avec :

> **n** : nombre d'électron mise en jeu ;
>
> **α** : efficacité du courant ;   ($\alpha = (\Delta M_{exp}/\Delta M_{Théo})*100$)
>
> **M** : poids moléculaire de l'aluminium ;
>
> **F** : constante de faraday ;
>
> **U** : tension de cellule ;

Le tableau suivant donne les valeurs de l'énergie consommée, de l'énergie électrique spécifique et de la perte en masse :

Tableau-7-: évaluation énergétique du procédé d'EC avec variation de la densité de courant.							
I (A)	0,5	1	1,5	2	2,5	3	3,5
DC (mA/cm²)	11,1	22,2	33,3	44,3	55,4	66,5	77,6
U (V)	3,04	3,5	4,1	4,48	4,83	5,05	5,15
P (KW)	0,0015	0,0035	0,0062	0,0090	0,0121	0,0152	0,0180
Energie (KWh)	0,0001	0,0003	0,0005	0,0007	0,0010	0,0013	0,0015
Δm (théo)	0,014	0,028	0,042	0,056	0,070	0,084	0,098
Δm (exp)	0,027	0,029	0,040	0,053	0,064	0,075	0,085
efficacité de I (α)	1,937	1,043	0,955	0,954	0,909	0,898	0,863
EES (KWh/kg d'Al)	4,674	9,988	12,780	13,982	15,821	16,744	17,776
masse colorant éliminé (Kg)	$3,38\,E^{-05}$	$3,96\,E^{-05}$	$4,69\,E^{-05}$	$4,85\,E^{-05}$	$4,87\,E^{-05}$	$4,85\,E^{-05}$	$4,8\,E^{-05}$
KWh/Kg colorant éliminé	3,7	7,361	10,927	15,408	20,646	26,038	30,924
Kg Al/**Kg** colorant éliminé	0,801	0,737	0,855	1,102	1,305	1,555	1,740

Ces résultats sont représentés sur les figures dans la page suivante, dans lesquelles on donne la variation de EES (KWh/Kg $_{Al}$) en fonction de la densité de courant ainsi que l'évolution de E (KWh/Kg $_{colorant\,éliminé}$).

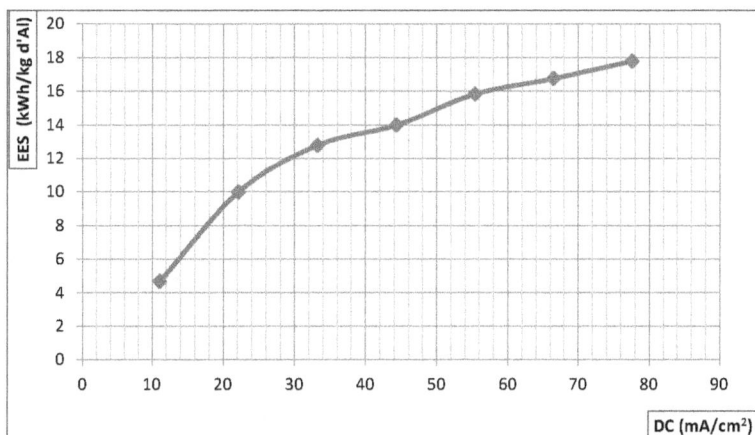

Figure -9- : Variation d'EES en fonction de la densité de courant

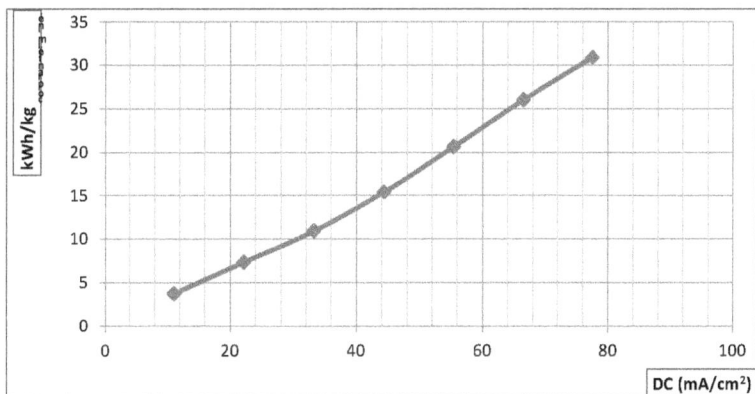

Figure -10- : Variation de l'énergie consommée en fonction de la densité de courant

La quantité d'aluminium libéré dans le milieu augmente considérablement avec l'augmentation de la densité de courant selon la loi de Faraday définie précédemment ce qui provoque une augmentation de l'efficacité de décoloration. Mais l'augmentation de la densité de courant conduit également à l'augmentation de l'énergie électrique consommée par rapport au Kg du colorant éliminé et aussi à l'augmentation de la quantité des boues produites qui doivent être traitées, donc un autre cout qui s'ajoute au cout du procédé d'EC.

Récapitulant, il faut chercher une densité de courant qui donne un meilleur rendement avec une consommation énergétique modérée et le minimum de la boue dans le milieu.

2)*Effet de la concentration initiale :*

Les résultats obtenus expérimentalement dans l'essai de détermination de la concentration initiale optimale en colorant sont rassemblés dans le tableau ci-dessous :

Tableau -8- : Résultats de l'étude de l'effet de la concentration initiale en colorant.						
concentration	200	150	100	50	20	10
Intensité (A)	1,6	1,6	1,6	1,6	1,6	1,6
pH	6	6	6	6	6	6
Conductivité (mS/cm)	8	8	8	8	8	8
température	20	20	20	20	20	20
Absorbance initiale	2,81	2,699	2,501	2,435	2,366	2,225
Absorbance finale	0,701	0,642	0,456	0,29	0,268	0,226
ED %	75,05%	76,21%	81,77%	88,09%	88,67%	89,84%

L'étude de l'effet de la concentration initiale en colorant sur l'efficacité d'élimination du colorant est réalisée en variant les concentrations initiales entre 10 à 200 mg/L et en fixant les autres paramètres.

D'après les résultats obtenus et la **courbe -11-** de variation de l'efficacité de décoloration avec la concentration initiale, on remarque que pour les faibles concentrations initiales, l'élimination est efficace puisqu'on atteint une efficacité de 89,84% pour une concentration de 50mg/L et tant que la concentration est grande, il est difficile d'éliminer le colorant ; du fait que la courbe est décroissante. Cela peut être expliqué par la formation d'une quantité insuffisante de complexe d'hydroxyde d'aluminium produite par l'électrode nécessaire à adsorber les molécules du colorant dans les solutions de grande concentration.

En résumé, il est préférable de traiter des solutions pas trop chargés en colorant pour avoir un taux d'élimination élevé.

Figure-11-: *Effet de la concentration initiale sur ED %. Conditions (pH=6,5;I=1,6 A ; χ=8 mS/cm;t=5min)*

3) *Effet du pH :*

Le pH est le variable le plus important à prendre en considération au moment de l'électrocoagulation. Pour chaque eau, il existe une plage de pH pour laquelle la coagulation a lieu rapidement, plage qui est fonction du coagulant utilisé, de sa concentration et de la composition de l'eau à traiter. La cinétique de conversion d'Al^{3+} est fortement affectée par le pH.

Pour examiner son effet, l'échantillon est ajusté à des pH désiré pour chaque expérience en utilisant l'hydroxyde de sodium ou l'acide sulfurique. La **figure -12-** représente l'efficacité de décoloration et la consommation énergétique en fonction du pH initial. Le meilleur résultat d'élimination pour 5 min d'électrolyse est observé à un pH de 7, l'efficacité de décoloration à ce pH est 89 %.

Les réactions chimiques principales au cours de l'électrocoagulation sont :

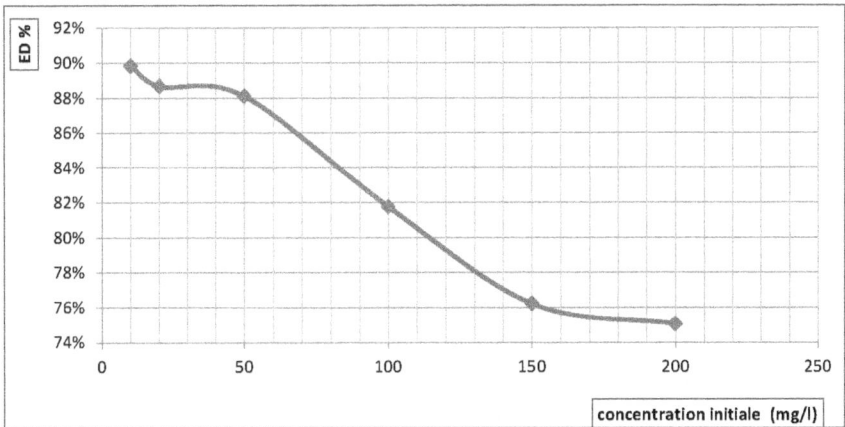

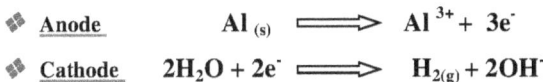

* **Anode** $\quad Al_{(s)} \implies Al^{3+} + 3e^-$
* **Cathode** $\quad 2H_2O + 2e^- \implies H_{2(g)} + 2OH^-$

Pour un pH faible d'environ 2 à 3 les protons dans la solution sont réduits en H_2 à la cathode donc la quantité des ions hydroxydes produite diminue et les espèces cationiques monomères Al^{3+} et $Al(OH)_2^+$ sont prédominantes (**Figure -2-**). Lorsque le pH est compris entre 4 et 9, les Al^{3+} et les OH^- produits par les électrodes réagissent pour former différentes espèces oligométriques telles que $Al_6(OH)_{15}^{3+}$, $AL_7(OH)_{17}^{4+}$, $Al_{13}(OH)_{31}^{5+}$, pour se transformer finalement en un composé amorphe insoluble dans l'eau :$Al(OH)_{3(S)}$, via une cinétique de polymérisation/précipitation complexe.

➤ A **pH > 10**, la concentration de l'espèce anionique monomérique $Al(OH)_4^-$ augmente au détriment de la formation $Al(OH)_3(S)$. De plus, la cathode pourrait être chimiquement attaquée par les ions OH^- générés en même temps que le gaz hydrogène H_2 à des valeurs de pH élevées

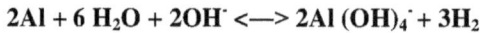

$$2Al + 6 H_2O + 2OH^- <—> 2Al(OH)_4^- + 3H_2$$

Il a été mentionné précédemment qu'au cours de l'EC deux mécanismes principaux sont généralement considérés:

➤ A **pH < 4**, les Al^{3+} produits en solution, forment des complexes solubles avec les composés issus de la dissolution du colorant.

➤ L'adsorption des Al^{3+} en solution à des pH élevés, produisant soit le solide $Al(OH)_3$ soit l'espèce anionique monomérique $Al(OH)_4^-$, selon le pH de la solution (**Figure -2-**) qui dépend fortement de la structure chimique du colorant.

Le processus de formation de $Al(OH)_3$ est donc actif pour une gamme de pH allant de 5,5 à 8,5. Cet intervalle de pH englobe l'optimum de pH initial trouvé dans notre cas. Cependant, le pH affecte fortement la taille des bulles d'hydrogène.

Figure-12-:*Effet du pH initial sur ED %. Conditions (C= 50 mg/l;I=1,6 A ; χ=8 mS/cm;t=5min)*

4) Effet de la conductivité :

L'augmentation de la conductivité par l'ajout de chlorure de sodium est utilisé pour réduire la tension U entre les électrodes à une densité de courant constante, en raison de la diminution de la résistance de l'eau polluée .La consommation énergétique, qui est proportionnelle à U.I devrait donc diminuer. Le choix du chlorure de sodium découle du fait que les ions chlorures réduisent de manière significative les effets indésirables d'autres anions tels que HCO_3^- et SO_4^{2-}, par exemple, en évitant la précipitation du carbonate de calcium contenu dans une eau calcaire, qui pourrait former une couche d'isolant sur la surface des électrodes et augmenter ainsi la résistance de la cellule électrochimique.

Les ions chlorures peuvent également être oxydés pour donner des formes activées de chlore, tels que les anions hypochlorites qui ont un pouvoir oxydant élevé sur les colorants. Le mécanisme de formation de ces derniers est le suivant :

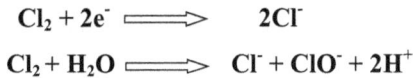

$$Cl_2 + 2e^- \implies 2Cl^-$$
$$Cl_2 + H_2O \implies Cl^- + ClO^- + 2H^+$$

Cependant, une concentration excessive de NaCl dans l'eau polluée à traiter, induit une consommation importante des électrodes d'aluminium par corrosion. Il en résulte donc une attaque sur la plaque d'aluminium de l'anode.

La conductivité de la solution est ajustée à la valeur désirée par ajout de NaCl. Les conditions expérimentales sont : pH initial est 7 ; le courant I=1,6 A ; concentration en colorant C_0=50 mg/l et le temps d'électrolyse est 5 min. L'effet de la conductivité sur la performance de l'EC est représenté sur la figure -13-, l'efficacité d'élimination est restée presque inchangée dans l'intervalle de conductivité de 9,5 et 19,6 mS/cm.

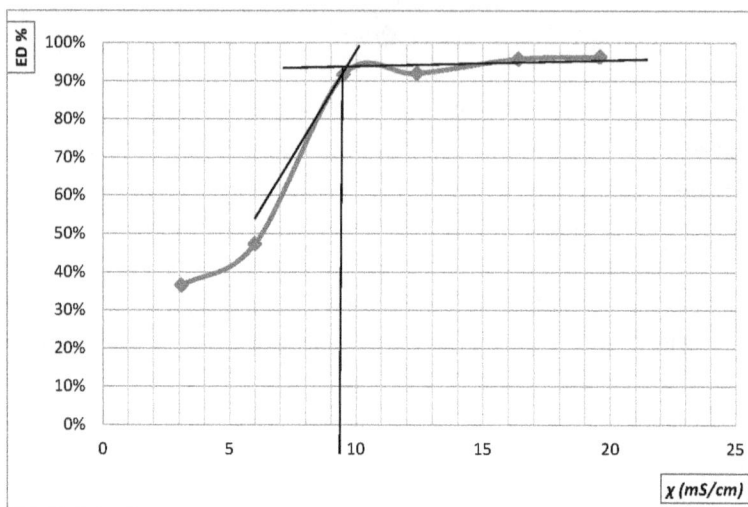

Figure-13-:*Effet de la conductivité sur ED %. Conditions (pH=7; I=1, 6 A; C=50mg/l; t=5min)*

5)*Effet du temps d'électrolyse :*

Durant l'électrolyse, l'électrode positive subit des réactions anodiques pendant que la réaction cathodique passe dans l'électrode négative. Les ions libérés neutralisent les particules chargées, ainsi débutera la coagulation. L'efficacité de décoloration dépend directement de la concentration des ions produits par les électrodes. Quand le temps d'électrolyse augmente, la concentration des ions Al^{3+} et leurs flocs d'hydroxyde augmentent aussi. En conséquence, comme c'est montré sur la **figure -14-,** une augmentation du temps d'électrolyse de 2 à 5 min donne une augmentation de l'efficacité de décoloration de 35,4% à 90,6%.

Donc dans notre cas pour une solution avec les paramètres optimaux déjà obtenus, le temps d'électrolyse optimal est 5 min.

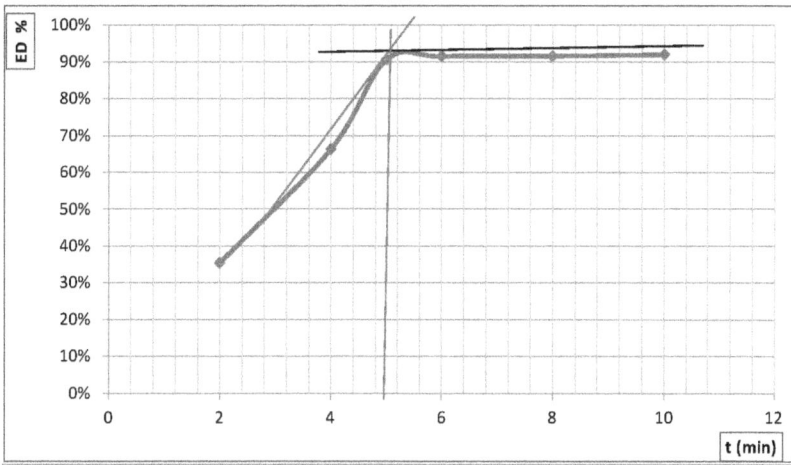

Figure-14-:*Effet du t_{ec} sur ED%. Conditions (pH=7; I=1, 6 A; C=50mg/l; χ=9,5 mS/cm)*

6) *Comparaison des électrodes de fer et d'aluminium :*

Dans le procédé d'EC, le choix du coagulant a une grande influence sur les performances d'efficacité du traitement. Donc, une sélection appropriée du matériel d'électrode est important. L'électrode utilisée dans le traitement des eaux et eaux usées doit être aussi non-toxique pour la santé des humains et l'environnement. Le fer et l'aluminium ont été choisis comme électrode à cause de leur non-toxicité et leur disponibilité. Pour l'investigation des effets du choix d'électrode sur l'efficacité de décoloration, on a effectué le procédé d'électrocoagulation en utilisant les électrodes de fer et d'aluminium en restant dans les mêmes paramètres opératoires optimales déjà trouvés pour l'aluminium. La figure -15- montre l'efficacité d'élimination pour les deux électrodes. Comme on peut le voir, l'électrode de fer est plus performent que l'électrode d'aluminium. La raison convaincante pour la différence de performance peut être expliquée par la différence de la concentration en coagulant passé en solution par hydrolyse puisque pendant 5 min, la masse de Al dissoute est équivalente à 1/3 de la masse de Fer passé en solution, donc l'insuffisance des hydroxydes d'aluminium nécessaire pour adsorber la totalité des molécules d'Orange II.

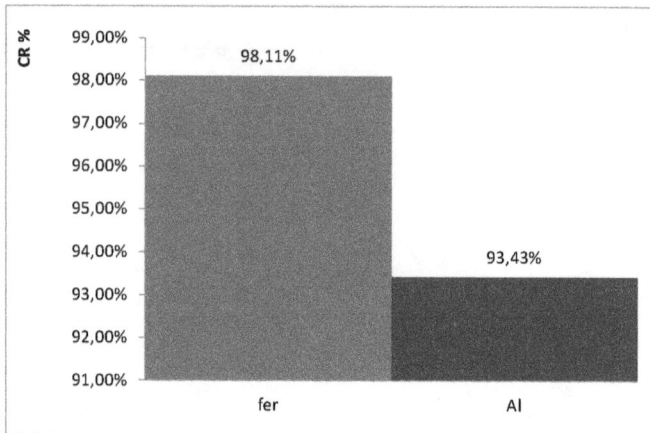

Figure-15-: *Comparaison de la performance d'électrode de fer et d'aluminium*

7) *Comparaison de l'électrocoagulation et de la coagulation/floculation*

Dans notre étude comparative on a calculé la masse du coagulant $Al_2(SO_4)_3.18H_2O$ équivalente à celle utilisé dans l'essai d'électrocoagulation dans les conditions optimales. Les résultats obtenus montre que l'électrocoagulation est plus performante que la coagulation/floculation classique vu l'efficacité obtenue et la masse des boues formées qui doit être le moindre possible pour ne pas gêner les étapes de traitement postérieurs.

Dans l'électrocoagulation il y'a génération d'hydroxyde d'aluminium in-situ, pendant que dans la coagulation/floculation on ajoute un produit chimique à la solution qu'on veut traiter ce qui génère une autre pollution dans l'eau.

Le tableau représente les résultats obtenus pendant l'essai :

Tableau -9- : Comparaison de la coagulation/floculation et de l'électrocoagulation		
	ED %	masse des boues (g)
électrocoagulation	93,43	0,0623
coagulation/floculation	55,53	0,3348

8) *Étude économique du procédé d'électrocoagulation :*

On sait que dans tous les procédés électriques comme l'EC le coût du procédé dépend essentiellement de la consommation énergétique. Le coût opératoire inclue aussi les matériels essentiellement les électrodes et la consommation énergétique aussi bien la maintenance et les boues formées et déposé qui nécessitent un système de raclage. On s'intéressera seulement au coût de l'énergie et des électrodes dans les conditions de courants et du temps optimales.

Le coût sera calculé à partir de la relation suivante :

$$\text{Coût opératoire} = A.\,C_{énergie} + B.C_{électrodes} \quad (15)$$

Avec:

A : coût de kWh en DH

B : coût des électrodes en DH

$C_{énergies}$: l'énergie électrique consommée par unité de volume (kWh/m^3) elle est calculée suivant la formule (16);

$C_{électrodes}$: consommation des électrodes par kg de colorant éliminé calculé expérimentalement à l'aide de la relation (17) ;

$$C_{énergie} = (U*I*t_{ec})/V \quad (16)$$

Avec :

V : volume réactionnel ;

I : intensité optimale ;

t_{ec} : temps d'électrolyse optimale ;

$$C_{\text{électrodes}} = (I*t_{ec}*M)/(n*F*V) \qquad (17)$$

Avec :

> **M** : poids moléculaire des électrodes ;
>
> **F** : constante de faraday ;
>
> **n** : nombre d'électrons mise en jeu ;
>
> **t$_{ec}$** : temps d'électrolyse optimale ;
>
> **V** : volume réactionnel ;
>
> **I** : intensité optimale ;

Les caractéristiques opératoires calculées pour l'électrocoagulation dans les conditions optimales sont montrées dans le tableau suivant :

Tableau -10- : Les résultats obtenus dans les conditions optimales

électrode	kWh/kg (colorant éliminé)	$\Delta m_{exp}(g)$	$\Delta m_{théo}(g)$	$\Delta m_{exp}(g)/\Delta m_{théo}(g)$	EES (KWh/kg de métal
aluminium	0,0037	0,0476	0,0448	1,0633	18,7924
fer	0,0050	0,1494	0,0926	1,6134	141,5246

➤ **Coût du procédé d'électrocoagulation** :

Tableau-11-: coût du procédé d'électrocoagulation

Calcul du coût opératoire	coût d'énergie (KWh/m³)	coût d'électrode	A	B	coût global (DH/kg de colorant)
	0,7157	0,3963	1,2	2	1,6514

CONCLUSION

L'électrocoagulation est l'un des procédés les plus effectifs pour l'élimination du couleur et les polluants organique des eaux usées. En ce qui concerne le procédé de coagulation/floculation dont l'électrocoagulation n'est que son dérivée, les chercheurs s'intéressent de plus en plus à l'optimiser pour un meilleur abattement des polluants, notamment organiques. Certains ont porté leur choix sur l'amélioration des performances des réactifs coagulants et adjuvants de floculation (coagulants pré hydroxylés minéraux, polymères organiques,...).Mais la plupart des travaux s'accordent à conclure que l'optimisation et l'ajustement de paramètres physico-chimiques de l'eau ou du dosage du coagulant peuvent conduire à une floculation et une élimination efficaces des matières organiques. L'étude expérimentale que nous avons menée a été consacrée pour cette raison ; à optimiser les paramètres influençant sur l'élimination, par électrocoagulation d'une eau industriels chargés en colorant textile « Orange II ».

A partir des résultats et discussions présentés, nous avons pu conclure que :

La décoloration d'une solution colorée, Orange II, par électrocoagulation est affectée par la densité de courant (DC), temps d'électrolyse, pH initial, la concentration initiale en colorant et le matériel des électrodes. Les résultats trouvés montrent que la densité de courant est le paramètre le plus effectif. Pour une solution de 50 mg/l de colorant, l'élimination de la couleur a atteint 93,43 %, quand le pH est 7, un temps d'électrolyse de 5 min et une densité de courant de 35,47 mA/cm2.

En plus, les expériences montrent que c'est indispensable l'étude de l'aspect économique du procédé parce que c'est lui qui nous aide à faire le choix du procédé le plus économique et le plus effectif.

ANNEXE

LISTE DES FIGURES

LISTE DES TABLEAUX

LISTE DES ÉQUATIONS ET RELATIONS

RÉFÉRENCES BIBLIOGRAPHIQUES

- [1] N.Daneshvar, D. Salari, A. Niaei, M.H. Rasoulifard, A.R. Khataee, Immobilzation of TiO2 nanopowder on glass beads for the photocatalytic decolorization of an azo dye C.I. Direct Red 23. J. Env. Sci. Health 40 (2005) .
- [2] P.R. Kumar, S. Chaudhari, K.C. Khilar, S.P. Mahajan, Removal of arsenic from water by electrocoagulation, Chemosphere 55 (2004) .
- [3] N. Bektas, H. Akbulut, H. Inan, ADimoglo, Removal of phosphate from aqueous solutions by electro-coagulation, J. Hazard. Mater. B 106 (2004)
- [4] M. Murugananthan, G.B. Raju, S. Prabhakar, Removal of sulfide, sulfate and sulfite ions by electro coagulation, J. Hazard. Mater. B 109 (2004)
- [5] N. Mameri, A.R. Yeddou, H. Lounici, D. Belhocine, H. Grib, B. Bariou, Defluoridation of septentrional of sahara water of North Africa by electrocoagulation process using bipolar aluminium electrodes, Water Res. 32 (1998)
- [6] A.S. Koparal, U.B Ogutveren, Removal of nitrate from water by electroreduction and electrocoagulation, J. Hazard. Mater. B 89 (2002)
- [7] P. Gao, X. Chen, F. Shen, G. Chen, Removal of chromium (VI) from wastewater by combined electrocoagulation-electroflotation without a filter, Sep. Purif. Technol. 43 (2004)
- N. Daneshvar, A.R. Khataee, A.R. Amani Ghadim, M.H. Rasoulifard, Decolorization pf C.I. Acid Yellow 23 solution by electrocoagulation process: Investigation of operational parameters and evaluation of specific electrical energy consumption (SEEC), J. Hazard. Mater. (2007)
- Memento technique de l'eau - Tomes 1 et 2, Auteur : Degrémont, Editeur : Degrémont. Date de parution : 17 mai 2005

www.ingramcontent.com/pod-product-compliance
Lightning Source LLC
Chambersburg PA
CBHW021606210326
41599CB00010B/633